AF509447

DICTIONNAIRE

DES

SCIENCES NATURELLES.

PLANCHES.

ZOOLOGIE : MAMMIFÈRES.

STRASBOURG, DE L'IMP. DE F. G. LEVRAULT.

DICTIONNAIRE

DES

SCIENCES NATURELLES.

Planches.

2.ᵉ PARTIE : RÈGNE ORGANISÉ.

Zoologie.

MAMMIFÈRES.

PAR

M. FRÉDERIC CUVIER,

Membre de l'Académie des sciences, chargé en chef de la Ménagerie royale.

PARIS,

F. G. LEVRAULT, LIBRAIRE-ÉDITEUR, rue de la Harpe, n.º 81,
Même maison, rue des Juifs, n.º 33, à STRASBOURG.
1816 — 1829.

TABLE DES PLANCHES

DICTIONNAIRE DES SCIENCES NATURELLES.

ZOOLOGIE.

MAMMIFÈRES.

N.º d'ordre.	FAMILLES.	GENRES ET ESPÈCES.	RENVOI AU TEXTE.		N.º du cahier.
			Tome.	Page.	
1	Quadrumanes ...	Orang-Outang............	36	281	
		Gibbon cendré..........	36	287	5
2	Idem	Chimpensé.............	36	285	
		Moustac..............	20	31	
3	Idem ....·..	Guenon mangabey à collier	20	28	46
		Semnopithèque Douc.....	20	32	
4	Idem	≈ Croo......	48	438	49
		Guenon grivet..........	20	27	
5	Idem ......·...	Hamadrias.............	12	378	5
		Macaque..............	27	463	
6	Idem	Alouate ourson.........	49	282	8
		Atèle Belzébut..........	49	277	
7	Idem	Cébus, Sajou...........	47	299	5
		Callitrix, Saimiri........	47	11	
8	Idem	Nocthore douroucouli	47	39	
		Saki à ventre roux.......	47	41	58
9	Idem	Ouistiti oreillard...	47	19	
		Tamarin mains-rousses....	47	21	
10	Idem	Makis front-blanc (mâle)..	28	123	11
		≈ ≈ (femelle).	28	123	
11	Idem	Galago du Sénégal.......	18	37	58
		Tarsier de Daubenton....	52	281	
12	Idem	Indri.................	28	128	18
		Loris paresseux....... ..	27	221	
13	Chéiroptères. ...	Roussette amplexicaude...	46	367	9
		Céphalote de Péron......	46	374	
14	Idem	Thaphien d'Égypte.......	52	220	11
		Vespertilion sérotine.....	58	42	
15	Idem	Oreillard de Vienne......	58	50	
		Molossus ater	32	397	12
16	Idem	Nyctinome d'Égypte	35	242	
		Sténoderme roux........	50	490	

N.° d'ordre.	FAMILLES.	GENRES ET ESPÈCES.	RENVOI AU TEXTE. Tome.	Page.	N.° du cahier.
17	CHÉIROPTÈRES....	Noctilion bec-de-lièvre ...	35	119	12
		Phyllostome vampire ...	40	116	
18	Idem..........	Mégaderme lyre	29	408	11
		Rhinolophe tridenté......	45	368	
19	Idem..........	Nyctère de la Thébaïde...	35	233	
		Rhynopome microphylle..	45	370	
20	Idem..........	Glossophage sans-queue...	40	118	12
		= caudataire ...	40	118	
21	Idem..........	Galéopithèque...........	18	78	8
22	INSECTIVORES....	Taupe d'Europe	52	332	45
		Cladobate Tana...	56	77	
23	Idem..........	Desman de Russie.......	59	434	41
		Scalope du Canada	48	23	
24	Idem..........	Chrysochlore doré.......	9	159	46
		Hérisson d'Europe	21	55	
25	Idem..........	Musaraigne commune	33	422	44
		Taupe à museau étoilé....	52	339	
26	Idem..........	Tenrec rayé.............	53	93	45
		= sans-queue......	53	93	
27	MARSUPIAUX (insectivores).	Péramèle nasuta.........	38	416	17
		= obesula	38	416	
28	Idem..........	Dasyure de Maugé...>...	12	511	50
		Chironecte Yapock.......	47	400	
29	Idem..........	Sarigue opossum........	47	388	12
		Cayopollin.............	47	391	
30	CARNASSIERS.....	Lion.................	8	215	7
		Couguar..............	8	226	
31	Idem..........	Hyène rayée	22	298	6
		= tachetée.........	22	300	
32	Idem..........	Ratel du Cap	44	506	50
		Putois belette..........	29	248	
33	Idem..........	Marte.................	29	255	8
		Glouton..............	19	79	
34	Idem..........	Zorille du Cap..........	29	254	49
		Glouton grison..........	19	79	
35	Idem	Mouffette.............	33	124	7
		Loutre du Kamschatka ...	27	245	
36	Idem..........	Mydaus télagon.........	34	2	43
		Mouffette chinche	33	125	
37	Idem..........	Blaireau..............	4	437	8
		Civette...............	9	337	
38	Idem..........	Loup rouge...........	8	557	5
		Renard argenté.........	8	566	
39	Idem..........	Mangouste Nems	29	59	9
		Suricate..............	51	400	
40	Idem..........	Genette du Sénégal	18	321	51
		Atilax Vansire.........	29	62	

N.° d'ordre.	FAMILLES.	GENRES ET ESPÈCES.	Tome.	Page.	N.° du cahier.
41	Carnassiers.....	Paradoxure Pougouné....	37	518	46
		Ictide à front blanc.....	59	457	
42	Idem	Crossarque mangue.......	59	457	45
		Ailure Panda	59	458	
43	Idem.........	Raton.................	44	510	8
		Coati roux	9	462	
44	Idem..........	Ours brun d'Europe	37	54	6
		= blanc de la mer glac.le	37	58	
45	Idem.........	= paresseux..........	37	48	46
		Arctonyx balifaor	29	157	
46	Idem..........	Calocéphale veau-marin...	39	544	55
47	Idem.........	Sténorhynque leptonyx ...	39	549	54
		Pélage moine...........	39	550	
48	Idem.........	Stématope à capuchon....	39	551	55
		Macrorhin à trompe......	39	552	
49	Idem.........	Arctocéphale ours-marin..	39	554	54
		Platyrhynque lion-marin..	39	555	
50	Marsupiaux.....	Phalanger volant	39	415	12
		= blanc.........	39	411	
51	Idem.........	Kanguroo géant..........	24	347	
52	Idem.........	Potoroo ou Kanguroo rat..	43	155	60
		Phascolome Wombat.....	39	450	
53	Carnassiers et Rongeurs.	Kinkajou potto..........	24	448	58
		Aye-Aye de Madagascar..	3 / 3 S.	362 / 145	
54	Rongeurs.......	Spermophile............	50	135	38
		Marmotte..............	29	160	
55	Idem.........	Tamia.................	52	168	39
		Macroxus.............	59	474	
56	Idem.........	Écureuil de la Caroline ..	14	245	19
		Polatouche de l'Amérique septentrionale.	42 / 48	305 / 140	
57	Idem.........	Loir..................	27	123	37
		Rat..................	44	473	
58	Idem.........	Capromys de Fournier...	59	486	60
		Otomys du Cap.........	59	474	
59	Idem.........	Gerbille	18	463	37
		Hamster	20	252	
60	Idem.........	Bathyergue Cricet.......	20	253	60
		Spalax Zemni	44	502	
61	Idem.........	Porc-épic	42	526	38
		Éretison ou Urson.......	42	531	
62	Idem.........	Agouti	6	19	36
		Paca	6 / 37	20 / 193	
63	Idem.........	Castor du Canada........	7	244	42
		Hydromys à ventre blanc.	22	248	

N.º d'ordre.	FAMILLES.	GENRES ET ESPÈCES.	RENVOI AU TEXTE. Tome.	Page.	N.º du cahier.
64	RONGEURS	Myopotame Coypou......	44	491	60
		Échimys de Cayenne.....	44	494	
65	Idem..........	Saccomys..............	46	527	37
		Ondatra	6	310	
66	Idem..........	Gerboise d'Égypte	18	467	59
		Mérion ou Gerbille du Ca-nada	18	464	
67	Idem..........	Cabiai capybare	6	15	60
		Campagnol ordinaire.....	6	304	
68	Idem..........	Anœma Cochon d'Inde...	2 S. / 6	62 / 15	42
		Kérodon Moco	59	493	
69	Idem..........	Hélamys du Cap.........	20	344	59
70	Idem..........	Lagomys..............	26	312	39
		Lièvre................	26	305	
71	ÉDENTÉS........	Bradype Aï............	37 / 52	537 / 257	50
		Choléope Unau	37 / 52 / 56	537 / 257 / 253	
72	Idem..........	Tatusie velue	52	320	49
		Tatou Encoubert........	52	313	
73	Idem..........	Oryctérope du Cap.......	36	511	50
		Priodonte géant	52	322	
		Chlamiphore tronqué.....	59	500	
74	Idem..........	Fourmilier didactyle	17	325	60
		Pangolin de Java........	37	331	
75	Idem..........	Mégathérium de Cuvier...	29	421	56
76	MONOTRÈMES	Échidné épineux........	36	448	46
		Ornithorhynque	36	437	
77	PACHYDERMES....	Hippopotame du Cap.....	21	189	
78	Idem..........	Sanglier d'Europe........	9	511	49
		= babiroussa.......	9	516	
79	Idem..........	Phacochœre d'Afrique	39	385	50
		Tapir d'Amérique	52	230	
80	Idem..........	Anoplotérium commun...	2 S.	68	56
81	Idem..........	Rhinocéros	45	351	5
		Daman................	22	394	
82	PACHYDERMES (proboscidiens).	Éléphant des Indes......	14	337	43
		= d'Afrique	14	340	
83	SOLIPÈDES	Cheval	8	455	
		Couagga	8	473	
84	RUMINANS	Lama	25	165	4
		Dromadaire............	8	94	
85	Idem..........	Musc	8	518	
		Pygmée	8	519	
86	Idem..........	Girafe................	18	555	3

N.º d'ordre.	FAMILLES.	GENRES ET ESPÈCES.	RENVOI AU TEXTE. Tome.	Page.	N.º du cahier.
87	Ruminans........	Girafe..................	18	555	57
88	*Idem*..........	Cerf de Virginie........	7	482	19
		Renne..................	7	465	
89	*Idem*..........	Corinne................	2	225	1
		Bubale	2	241	
90	*Idem*..........	Klip-Springer	2	233	2
		Chevaline	2	223	
91	*Idem*..........	Nagor.................	2	243	
		Coudou	2	246	
92	*Idem*..........	Antilocapre furcifère	2	223	59
93	*Idem*..........	Gnou	2	247	1
		Chamois...............	2	249	
94	*Idem*..........	Égagre	8	506	3
		Mouflon de Corse........	33	212	
95	*Idem*..........	Buffle	5	25	1
		Aurochs...............	5	21	
96	Cétacés et Car-nassiers.	Lamantin.............	25	169	60
		Morse Cheval-marin......	33	26	
97	Cétacés........	Dugong des Indes........	20	219	
		Delphinorhynque	59	517	
98	*Idem*..........	Dauphin vulgaire........	6	68	59
		Hétérodon à deux dents..	6	78	
99	*Idem*..........	Narwal vulgaire........	6	45	
		Cachalot macrocéphale ...	6	50	
100	*Idem*..........	Baleine franche	3	433	
		Baléinoptère Rorquale....	3	444	

FIN DE LA TABLE DES MAMMIFÈRES.

TABLE
ALPHABÉTIQUE DES PLANCHES DES MAMMIFÈRES.

(Le chiffre indique l'ordre de la planche.)

A.

Agouti. 62.
Ailure panda. 42.
Alouate ourson. 6.
Anœma cochon d'Inde. 68.
Anoploterium commun. 80.
Antilocapre furcifère. 92.
Arctocéphale ours-marin. 49.
Arctonyx balifaor. 45.
Atèle belzébut. 6.
Atilax Vansire. 40.
Aurochs. 95.
Aye Aye de Madagascar. 53.

B.

Baleine franche. 100.
Baléinoptère rorquale. 100.
Bathyergue Cricet. 60.
Blaireau. 37.
Bradype Aï. 71.
Bubale. 89.
Buffle. 95.

C.

Cabiai capybare. 67.
Cachalot macrocéphale. 99.
Callitrix Saïmiri. 7.
Calocéphale veau-marin. 46.
Campagnol ordinaire. 67.
Cafromys de Fournier. 58.
Castor du Canada. 63.
Cayopollin. 29.
Cébus Sajou. 7.
Céphalote de Péron. 13.
Cerf de Virginie. 88.
Chamois. 93.
Cheval. 83.
Chevaline. 90.

Chevrotain, voyez Pygmée. 85.
Chimpensé. 2.
Chironecte Yapock. 28.
Chlamiphore tronqué. 74.
Choléope Unau. 71.
Chrysochlore doré. 24.
Civette. 37.
Cladobate Tana. 22.
Coati roux. 43.
Corinne. 89.
Couagga. 83.
Coudou. 91.
Cougouar. 30.
Croo. 4.
Crossarque mangue. 42.

D.

Daman. 81.
Dasyure de Maugé. 28.
Dauphin à deux dents, voyez
    Hétérodon à deux dents. 98.
Dauphin vulgaire. 98.
Delphinorynque. 97.
Desman de Russie. 23.
Douc. 3.
Dromadaire. 84.
Dugong des Indes. 97.

E.

Echidné épineux. 76.
Echimys de Cayenne. 64.
Écureuil de la Caroline. 56.
Egagre. 94.
Éléphant d'Afrique. 82.
   =   des Indes. 82.
Eretison ou Urson. 61.

F.

Fourmilier didactyle. 74.

G.

GALAGO du Sénégal. 11.
GALÉOPITHEQUE. 21.
GENETTE du Sénégal. 40.
GERBILLE. 59.
    =   du Canada. 66.
GERBOISE d'Égypte. 66.
GIBBON cendré. 1.
GIRAFE. 86, 87.
GLOSSOPHAGE caudataire. 20.
    =   sans queue. 20.
GLOUTON. 33.
    =   grison. 34.
GNOU. 93.
GUENON grivet. 4.
    =   mangabey à collier. 3.

H.

HAMADRIAS. 5.
HAMSTER. 59.
    =   Cricet, voyez BAR-
THYERGUE Cricet. 60.
HÉLAMYS du Cap. 69.
HÉRISSON d'Europe. 24.
HÉTÉRODON à deux dents. 98.
HIPPOPOTAME du Cap. 77.
HYDROMYS à ventre blanc. 63.
HYÈNE rayée. 31.
    =   tachetée. 31.

I.

INDRI. 12.
ICTIDE à front blanc. 41.

K.

KANGUROO géant. 51.
    =   rat. 52.
KERODON moco. 68.
KINKAJOU potto. 53.
KLIP-SPRINGER. 90.

L.

LAGOMYS. 70.
LAMA. 84.
LAMANTIN. 96.

LIÈVRE. 70.
LION. 30.
LOIR. 57.
LORIS paresseux. 12.
LOUP rouge. 38.
LOUTRE du Kamschatka. 35.

M.

MACAQUE. 5.
MACRORHIN à trompe. 48.
MACROXUS. 55.
MAKIS front blanc (fem.). 10.
    =   (mâle). 10.
MANGOUSTE Nems. 39.
    =   Vansire, voyez ATI-
LAX Vansire. 40.
MARMOTTE. 54.
MARTE. 33.
MÉGADERME lyre. 18.
MÉGATHERIUM de Cuvier. 75.
MÉRION ou Gerbille du Canada.
66.
MOLOCH, voy. GIBBON cendré. 1.
MOLOSSUS ater. 15.
MORSE, cheval marin. 96.
MOUFETTE chinche. 36.
MOUFETTE. 35.
MOUFLON de Corse. 94.
MOUSTAC. 2.
MUSARAIGNE commune. 25.
MUSC. 85.
MYDAUS telagon. 36.
MYOPOTAME Coypou. 64.

N.

NAGOR. 91.
NARWAL vulgaire. 99.
NOCTILION bec-de-lievre. 17.
NOTHORE douroucouli. 8.
NYCTERE de la Thébaïde. 19.
NYCTINOME d'Égypte. 16.

O.

ONDATRA. 65.
ORANG-OUTANG. 1.

Oreillard de Vienne. 15.
Ornithorynque. 76.
Oryctérope du Cap. 73.
Otomys du Cap. 58.
Ouistiti oreillard. 9.
Ours blanc de la mer glaciale. 44.
Ours brun d'Europe. 44.
=   paresseux. 45.

P.

Paca. 62.
Pangolin de Java. 74.
Paradoxure Pougouné. 41.
Pélage moine. 47.
Péramèle nasuta. 27.
=   obesula. 27.
Phacochœre d'Afrique. 79.
Phalanger blanc. 50.
=   volant. 50.
Phascolome Wombat. 52.
Phyllostome vampire. 17.
Platyrhynque lion-marin. 49.
Polatouche de l'Amérique septentrionale. 56.
Porc-épic. 61.
Potoroo ou Kanguroo rat. 52.
Priodonte géant. 73.
Putois belette. 32.
Pygmée. 85.

R.

Rat. 57.
Ratel du Cap. 32.
Raton. 43.
Renard argenté. 38.
Renne. 88.
Rhinocéros. 81.
Rhinolophe tridenté. 18.
Rhynopome microphylle. 19.
Roussette amplexicaude. 13.

S.

Saccomys. 65.
Saïmiri. 7.
Sajou. 7.
Saki à ventre roux. 8.
Sanglier babiroussa. 78.
=   d'Europe. 78.
Sarigue opossum. 29.
Scalope du Canada. 23.
Semnopithèque Croo. 4.
=   Douc. 3.
Spalax Zemni. 60.
Spermophile. 54.
Stématope à capuchon. 48.
Sténoderme roux. 16.
Sténorhynque leptonyx. 47.
Suricate. 39.

T.

Tamarin mains-rousses. 9.
Tamia. 55.
Taphien d'Égypte. 14.
Tapir d'Amérique. 79.
Tarsier de Daubenton. 11.
Tatou Encoubert. 72.
Tatusie velue. 72.
Taupe d'Europe. 22.
=   à museau étoilé. 25.
Tenrec rayé. 26.
=   sans queue. 26.

U.

Urson. 61.

V.

Vespertilion sérotime. 14.

Z.

Zorille du Cap. 34.

1. *ORANG*. l'Orang-outang.

2. *GIBBON*. le Gibbon cendré.

ZOOLOGIE.

Pretre pinx.   Turpin direx.   Carnonkel sculp.

1. CHIMPENSÉ le Chimpensé.

2. GUENON le Moustac.

1. GUENON mangabey à collier.

2. SEMNOPITHÈQUE douc (femelle.)

Prêtre pinx.! Turpin direx.! M.elle Massard sculp.t

1. *SEMNOPITHÈQUE* Croo.

2. *GUENON* Grivet.

1. *CYNOCÉPHALE.* l'Hamadrias. *mâle*

2. *MACAQUE.* Espèce inédite.

Pretre pinx.t   Turpin direx.t   Carnonkel sculp.

1. *ALOUATTES*. alouatte ourson *(Humb.)*

SAPAJOUS. 2. *ATELES*. belzébut.

1. *CEBUS*. le Sajou.

2. *CALLITRIX*. le Saïmiri.

Prêtre pinx.t   Turpin direx.t   Massard sculp.t

1. *NOCTHORE* Douroucouli.

2. *SAKI* à ventre roux.

Prêtre pinx.   Turpin direx.   Massard sculp.

1. *OUISTITI* oreillard.

2. *TAMARIN* mains rousses.

2. *MAKIS* front blanc (mâle)

1. *MAKIS* front blanc (femelle)

Prêtre pinx.   Turpin direx.   Massard sculp.

1. *GALAGO* du Sénégal.

2. *TARSIER* de Daubenton.

1. *LINDRI*.

2. *LORIS* paresseux.

CHEIROPTÈRES. { 1. *ROUSSETTE* amplexicaude.
               { 2. *CÉPHALOTE* de Péron.

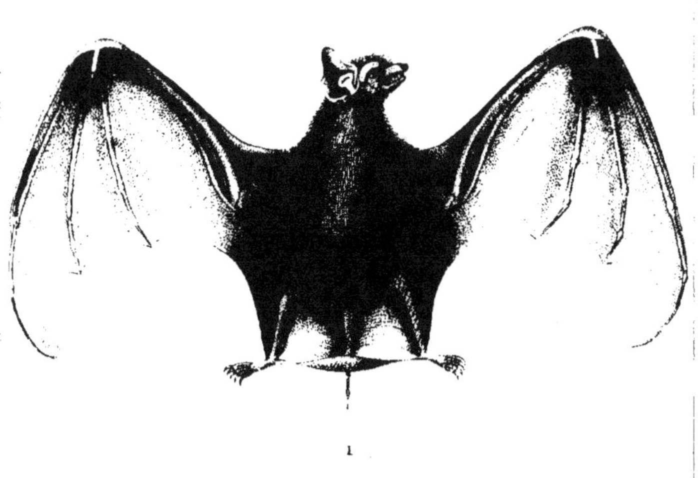

1

2

Pretre pinx.t   Turpin direx.t   Forestier sculp.t

CHEIROPTÈRES.
1. *THAPHIEN* d'Egypte.
2. *VESPERTILION* Sérotine.

1

2

Prêtre pinx.ᵗ   Turpin diret.ᵗ   Victor sculp.ᵗ

CHEIROPTÈRES. { 1. *OREILLARD* de Vienne.
{ 2. *MOLOSSUS* ater.

MAMMIFÈRES. Carnassiers.

CHEIROPTÈRES.
1. *NYCTINOME* d'Egypte.
2. *STENODERME* roux.

1

2

Prehr pinx!   Turpin direx!   [illegible] sculp!

CHEIROPTÈRES. { 1. *NOCTILION* bec de lièvre *unicolor.*
2. *PHYLLOSTOME* vampire.

1

2

Pêtre pinx.   Turpin direx.   Dien sculp.

CHEIROPTÈRES.
1. *MÉGADERME* lyre.
2. *RHINOLOPHE* tridenté.

Lecère pinx.!   Turpin direx.!   Victor sculp.!

CHEIROPTÈRES.
1. *NYCTÈRE* de la Thébaïde.
2. *RHYNOPOME* microphylle *d'Égypte.*

1

2

Pretre pinx.   *Turpin direx.*   *Victor sculp.*

CHEIROPTÈRES.
{ 1. *GLOSSOPHAGE* sans queue.
{ 2. *GLOSSOPHAGE* caudataire.

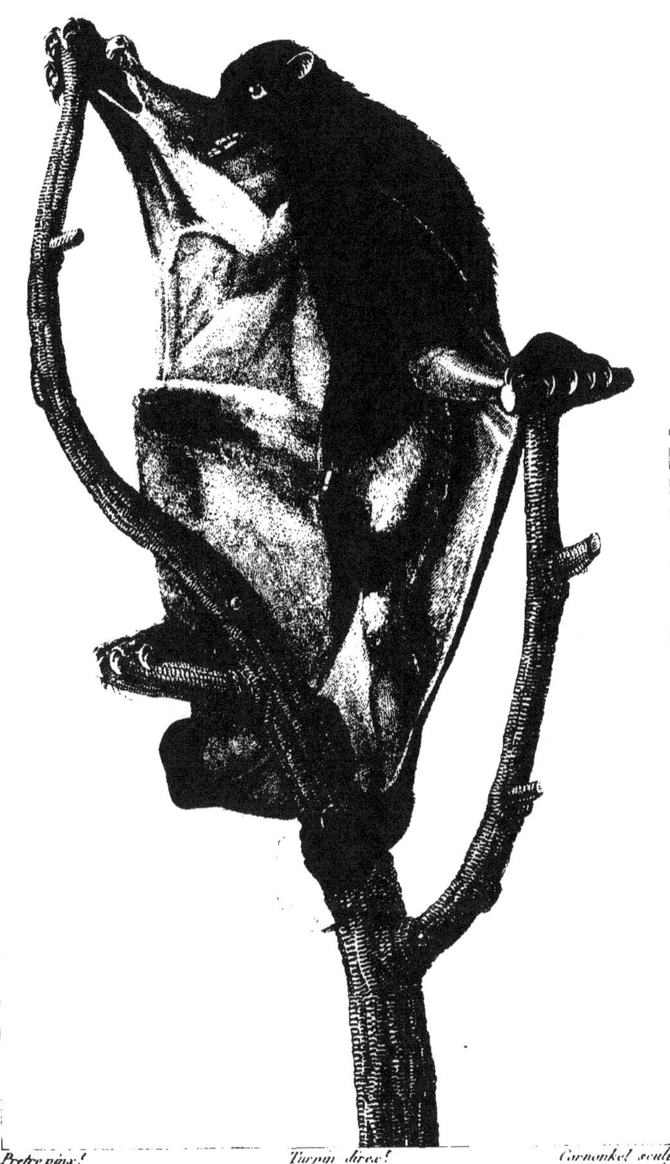

Pretre pinx.   Turpin direx.!   Carnonkel sculp.

CHEIROPTÈRES. *GALÉOPITHÈQUES*. Galéopithèque.

1

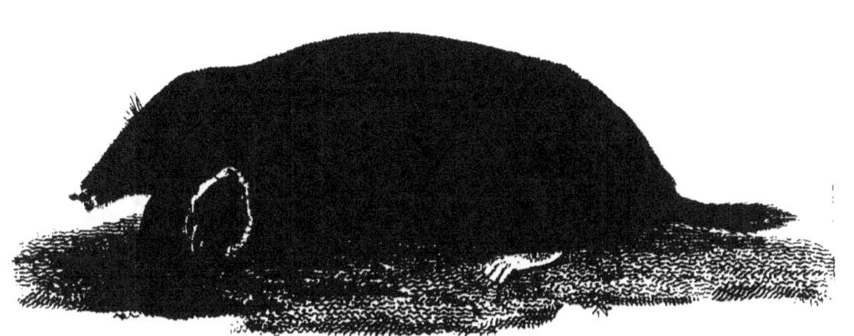

1. *TAUPE* d'Europe.

2. *CLADOBATE* Tana.

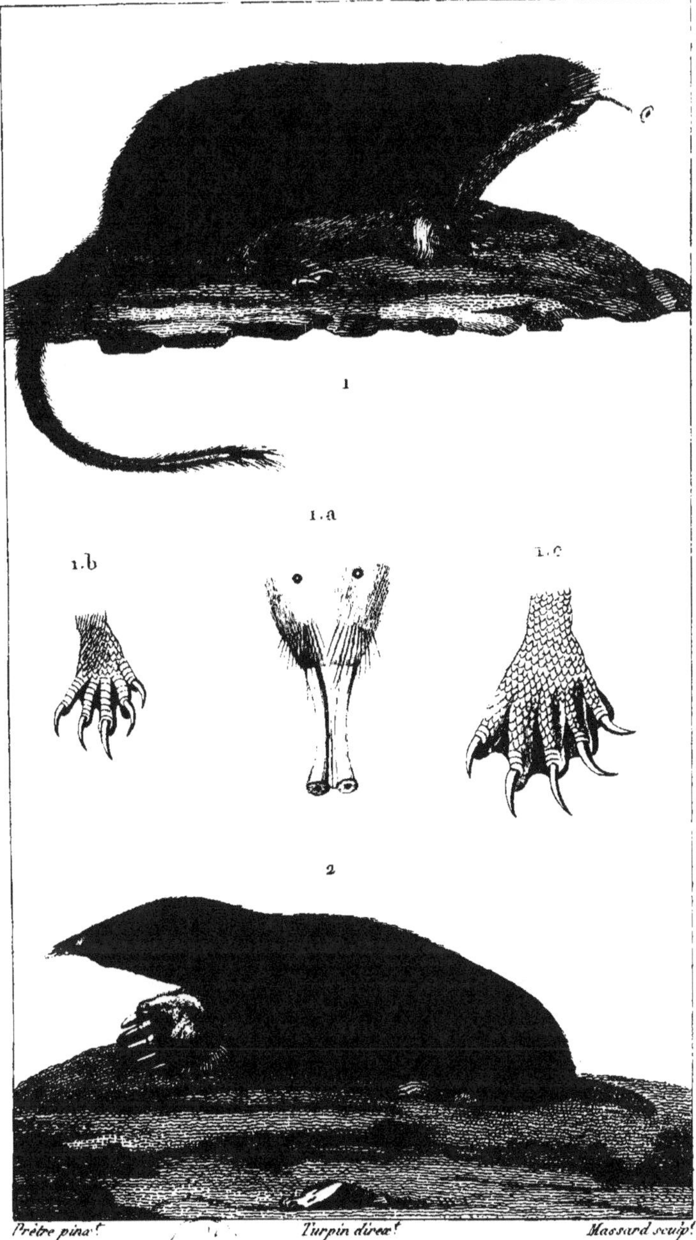

1. *DESMAN* de Russie.

1.a. *Partie antérieure de la tête vue de face.* 1.b. *Pied antérieur.* 1.c. *Pied postér.*

2. *SCALOPE* du Canada.

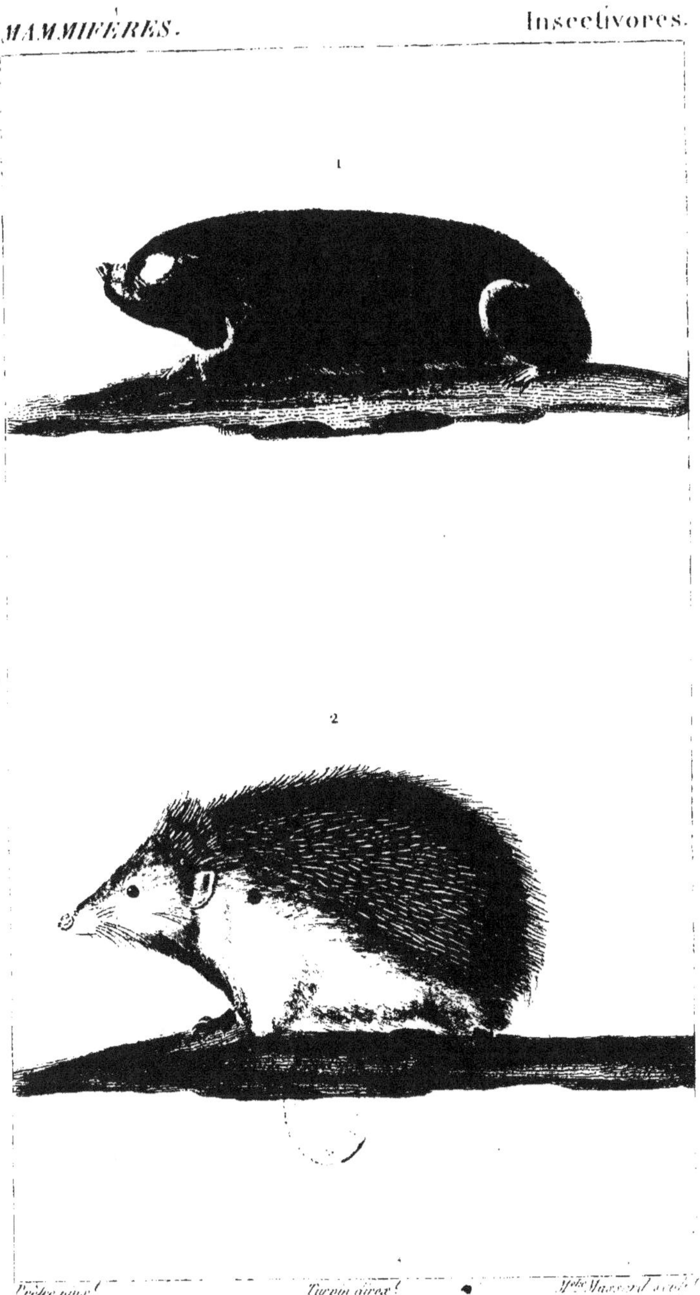

1. *CHRYSOCHLORE* doré.

2. *HÉRISSON* d'Europe.

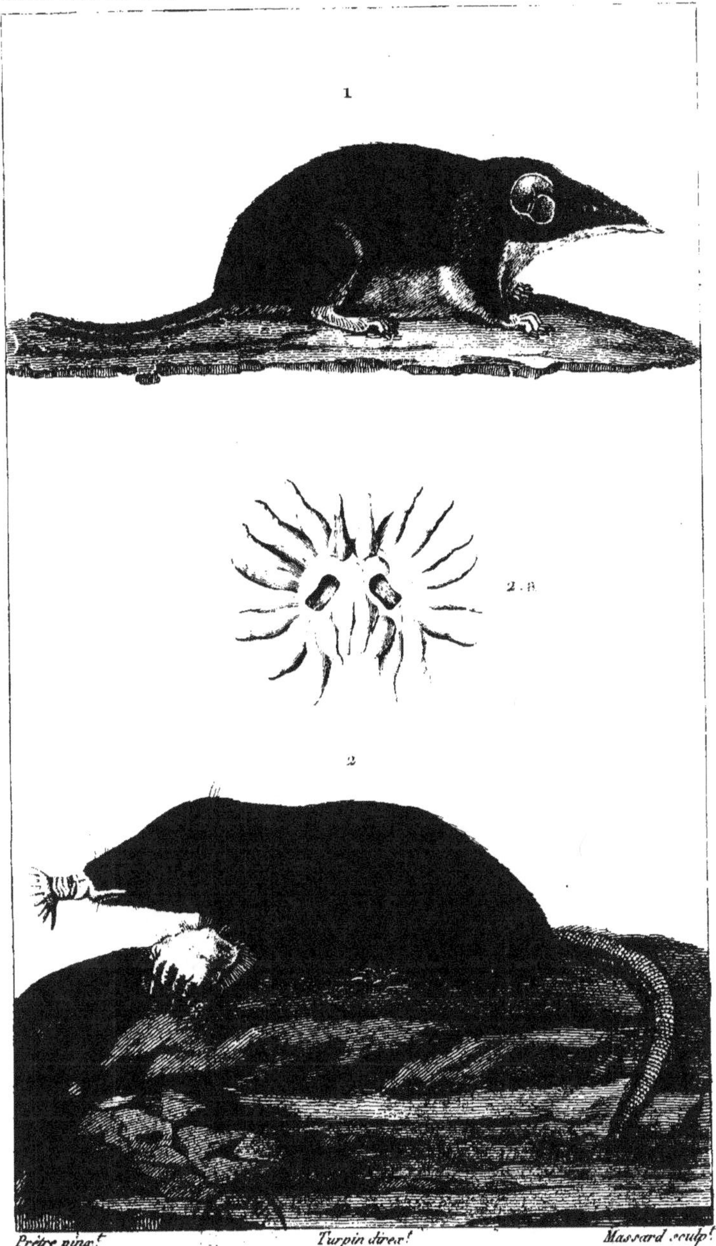

Prêtre pinx.t   Turpin direx.t   Massard sculp.t

1. *MUSARAIGNE* commune.

2. *TAUPE* à museau étoilé.

2.a. *Museau vu de face.*

1. TENREC rayé.

2. TENREC sans queue.

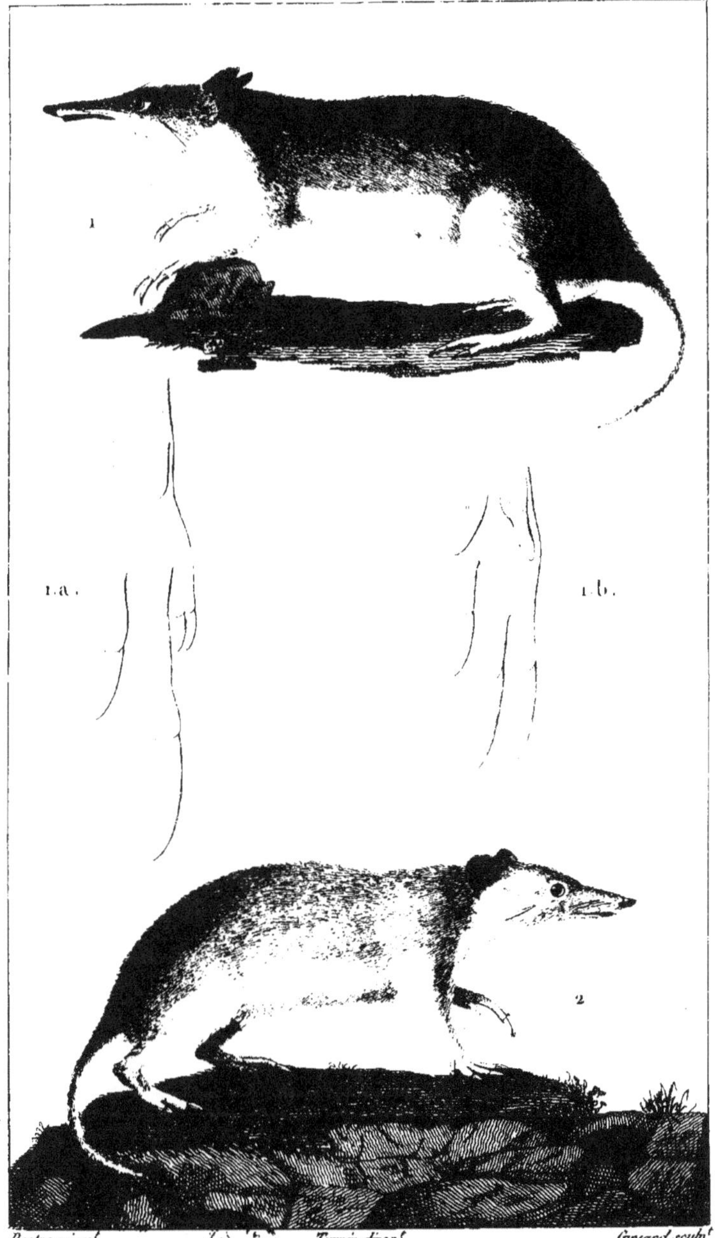

Pretre pinx.t   Turpin direx.t   Guyard sculp.t

1. PÉRAMÈLE nasuta.

1.a. Pied de derrière
1.b. Pied de devant } vu en dessous, de Grand. nat.

2. PÉRAMÈLE obesula.

1. *DASYURE* de Maugé.

2. *CHIRONECTE* yapock.

MAMMIFÈRES.   Marsupiaux.

1. *SARIGUE* opossum.

2. *CAYOPOLLIN.*

1. *LE LION.*

2. *LE COUGUAR.*

MAMMIFÈRES.   *Carnassiers.*

DIGITIGRADES.

1. *L'HYÈNE* rayée.

2. *L'HYÈNE* tachetée.

1. *RATEL* du Cap.

2. *PUTOIS* Belette.

1. *MARTES*. marte.

2. *GLOUTONS*. glouton.

Prètre pinx.   Turpin direx.   M.ᶜ Massard sculp.

1. ZORILLE du Cap.

2. GLOUTON Grison.

Prêtre pinx.!   Turpin direx.!   Guyard sculp.

1. MOUFETTES. Espèce indéterminée.

2. LOUTRES. la Loutre du Kamtschatka.

1. *MYDAUS* telagon.

2. *MOUFETTE* chinche.

1. BLAIREAUX. blaireau.

2. CIVETTES. civette.

CHIENS.
1. *LE LOUP* rouge.
2. *LE RENARD* argenté.

Prêtre pinx.t   Turpin direx.t   David sculp.t

1. *MANGOUSTES*. Nems.

2. *SURICATES*. Suricate.

1. GENETTE du Sénégal.

2. ATILAX Vansire.

PARADOXURE Pougouné.

POTTO à front blanc.

1. CROSSARQUE   Mangue.

2. AILURE   Panda.

1. RATONS. raton.

2. COATIS. coati roux.

PLANTIGRADES. { 1. L'OURS BRUN d'europe.
{ 2. L'OURS BLANC de la mer glaciale.

1

1. OURS paresseux.

2. ARCTONYX Balifaor.

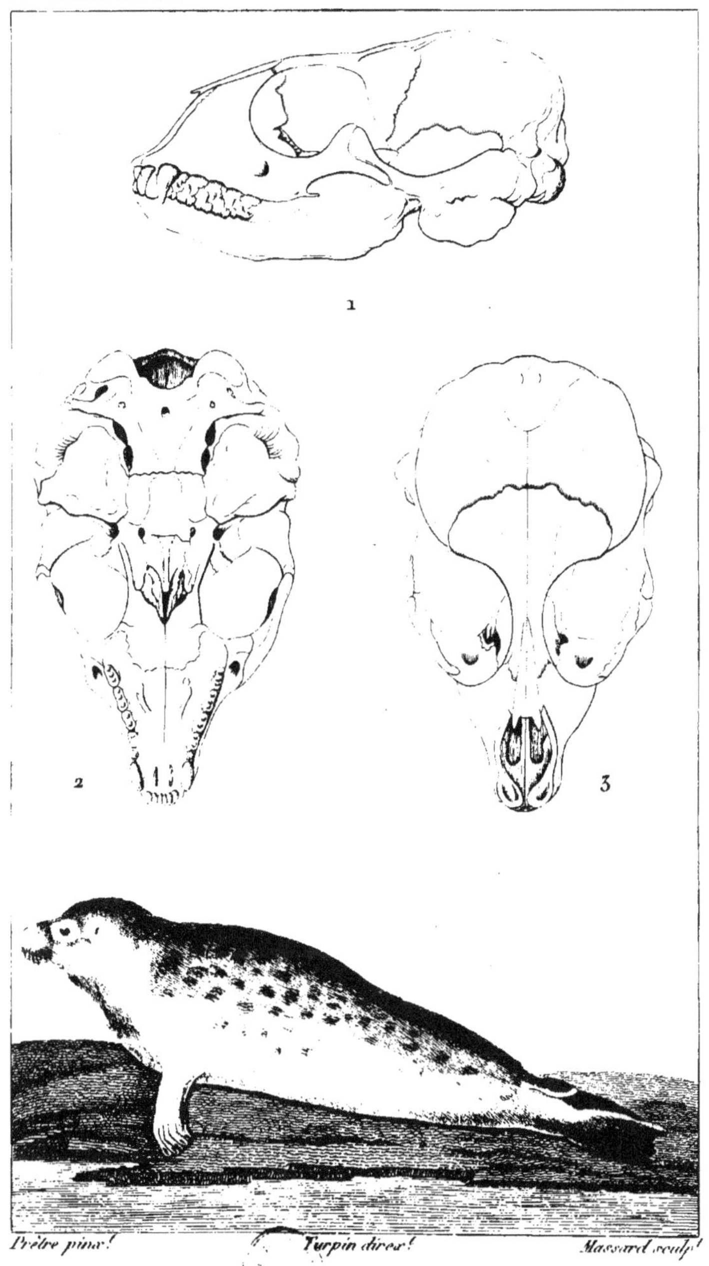

CALOCÉPHALE Veau-marin.

1,2 et 3. *Squelettes de têtes vus sous trois côtés différents.*

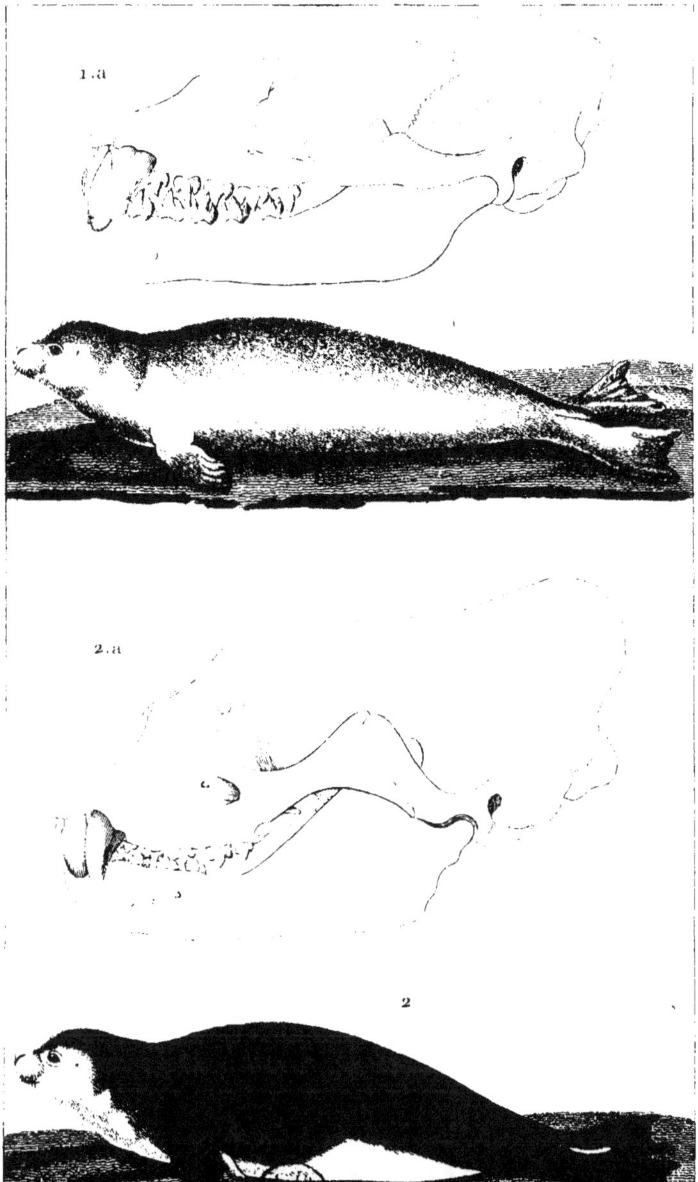

Prêtre pinx.t   Turpin direx.t   Mussard sculp.t

1. STÉNORHYNQUE leptonyx. 1.a. Squelette de la tête vu de profil.

2. PELAGE moine. 2.a. Squelette de la tête vu de profil.

Prêtre pinx.ᵗ   Turpin direx.ᵗ   Massard sculp.ᵗ

1. STÈMATOPE à capuchon . 1.a. *Squelette de tête vu de profil.*

2. MACRORHIN à trompe . *(Péron)* 2.a. *Squelette de tête vu de profil.*

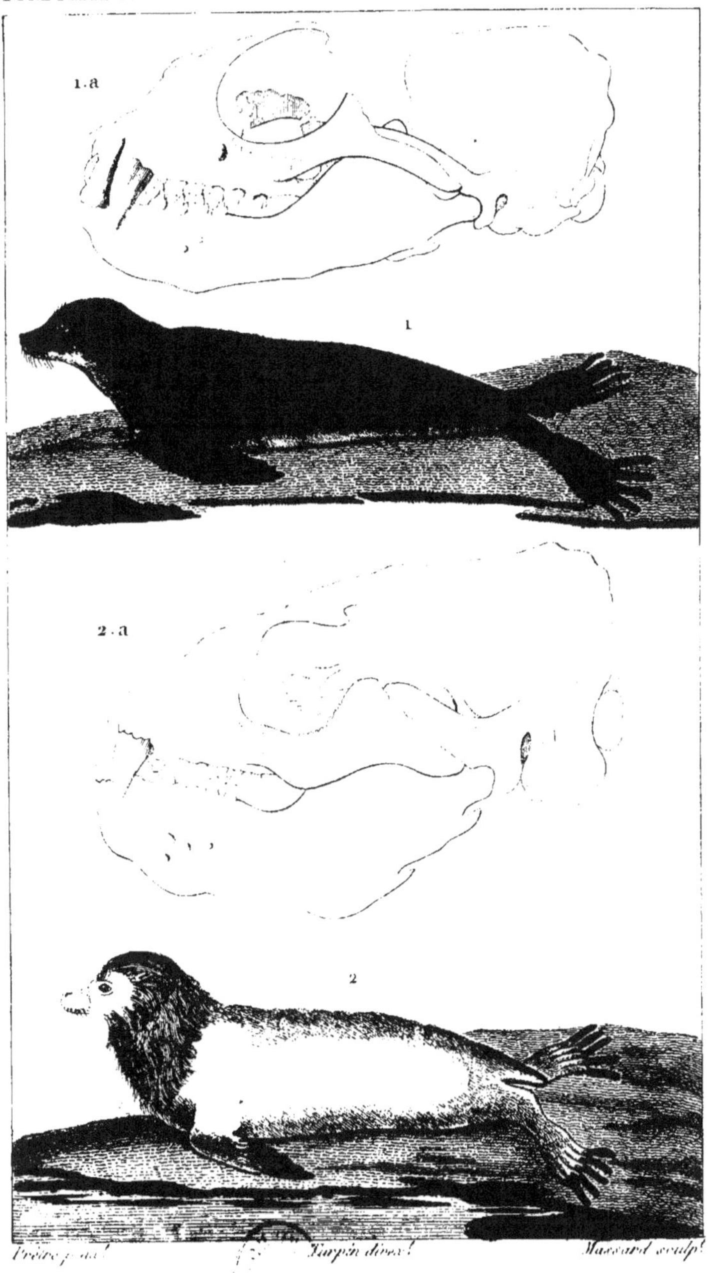

1. ARCTOCÉPHALE Ours-marin. 1.a. *Squel.te de la tête vu de profil.*

2. PLATYRHYNQUE Lion-marin. 2.a. *Squelette de la tête vu de profil.*

Prêtre pinx.!   Turpin direx!   Guyard sculp.!

1. *PHALANGER* volant. *pygmée.*

2. *PHALANGER* blanc.

KANGUROO géant.

Prêtre pinx.   Turpin direx.   Mlle Gérard sculp.

1. *POTOROO ou KANGUROO* rat.

2. *PHASCOLOME* Wombat.

1. KINKAJOU Potto.

2. AYE - AYE de Madagascar.

1. *SPERMOPHILE.*

2. *MARMOTTE.*

Prêtre pinx.   Turpin direx.   Massard sculp.

1. *TAMIA.*

2. *MACROXUS.*

1. *ECUREUIL* de la Caroline.

2. *POLATOUCHE* de l'Amer.ue Sept.le

1. *LOIR*.

2. *RAT*.

Prêtre pinx.   Turpin direx.   M.ᶜ Massard sculp.

1. CAPROMYS de Fournier.

2. OTOMYS du Cap.

1. *GERBILLE.*

2. *HAMSTER.*

Prêtre pinx.￼   Turpin direx.￼   M.ᵉ Massard sculp.￼

1. BATHYERGUE Cricet.

2. SPALAX Zemni.

1

2

Prêtre pinx.ͭ   Turpin direx.ͭ   David sculp.ͭ

1. PORC - EPIC.

2. ERETISON ou URSON.

1. *AGOUTI.*

2. *PACA.*

1. CASTOR du Canada.
HYDROMIS à ventre blanc.

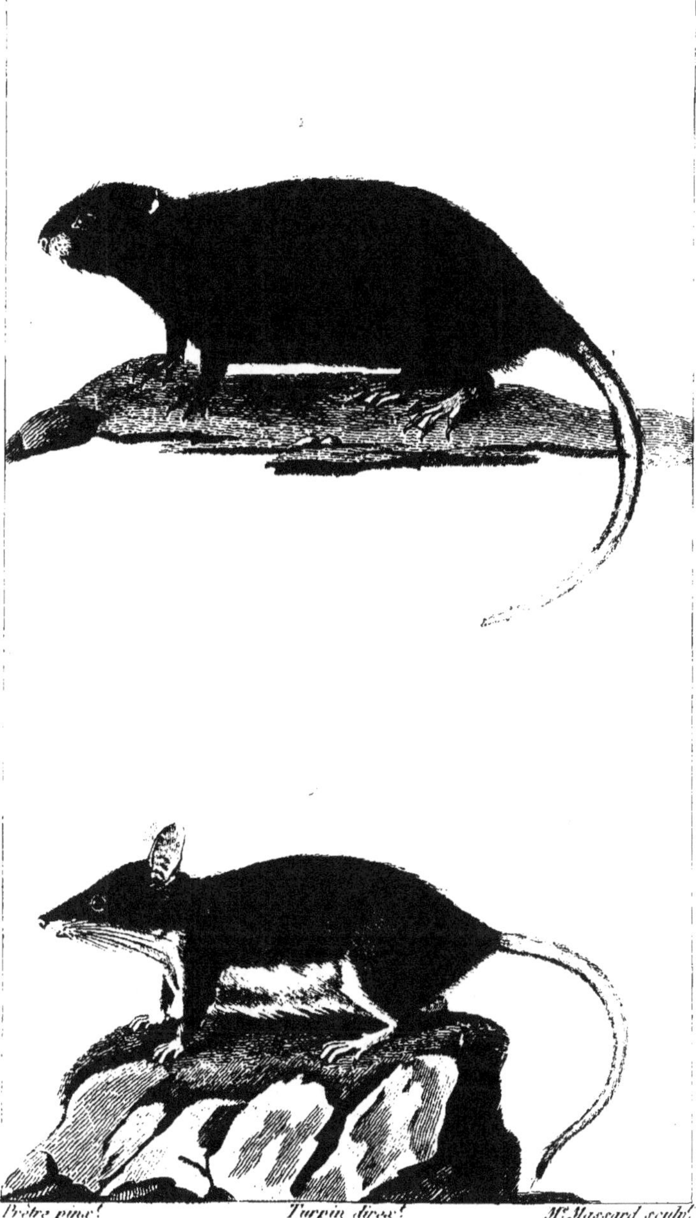

1. MYOPOTAME Coypou.

2. ECHIMYS de Cayenne.

1 . *SACCOMYS* .

2 . *ONDATRAS* .

1. GERBOISE d'Egypte.
2. MÉRION ou GERBILLE du Canada.

1. *CABIAI* Capybare.

2. *CAMPAGNOL* ordinaire.

Prêtre pinx.ᵗ   Turpin direx.ᵗ   Massard sculp.ᵗ

1. *ANOEMA* Cochon-d'Inde.

2. *KERODON* Moco.

HELAMYS du Cap.

1. *LAGOMYS*.

2. *LIÈVRE*.

1. *BRADYPE* Aï.

2. *CHOLÉOPE* Unau.

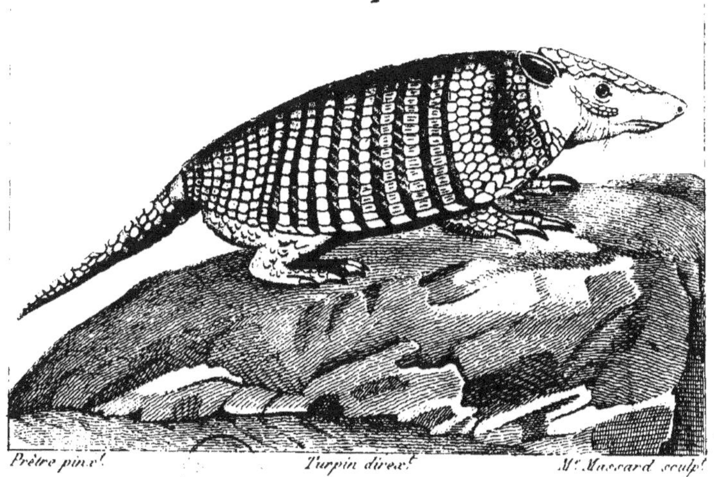

Prêtre pinx.   Turpin direx.   Me Massard sculp.

1. *TATUSIE* velue ?

2. *TATOU* Encoubert.

Prêtre pinx.ᵗ   Turpin direx.ᵗ   Mˡᶜ Massard sculp.ᵗ

1. ORYCTÈROPE du Cap.

2. PRIODONTE géant.

Prêtre pinx.ᵗ   Turpin direx.ᵗ   Mᵉ Rebel sculp.ᵗ

1. CHLAMYPHORE tronqué.

2. FOURMILIER didactyle.

3. PANGOLIN de Java.

 Fossiles. Edentés.

Prêtre pinx!　Turpin direx!　Massard sculp!

MEGATHÉRIUM de Cuvier. *(Squelette)* 1. *Dent du même animal.*

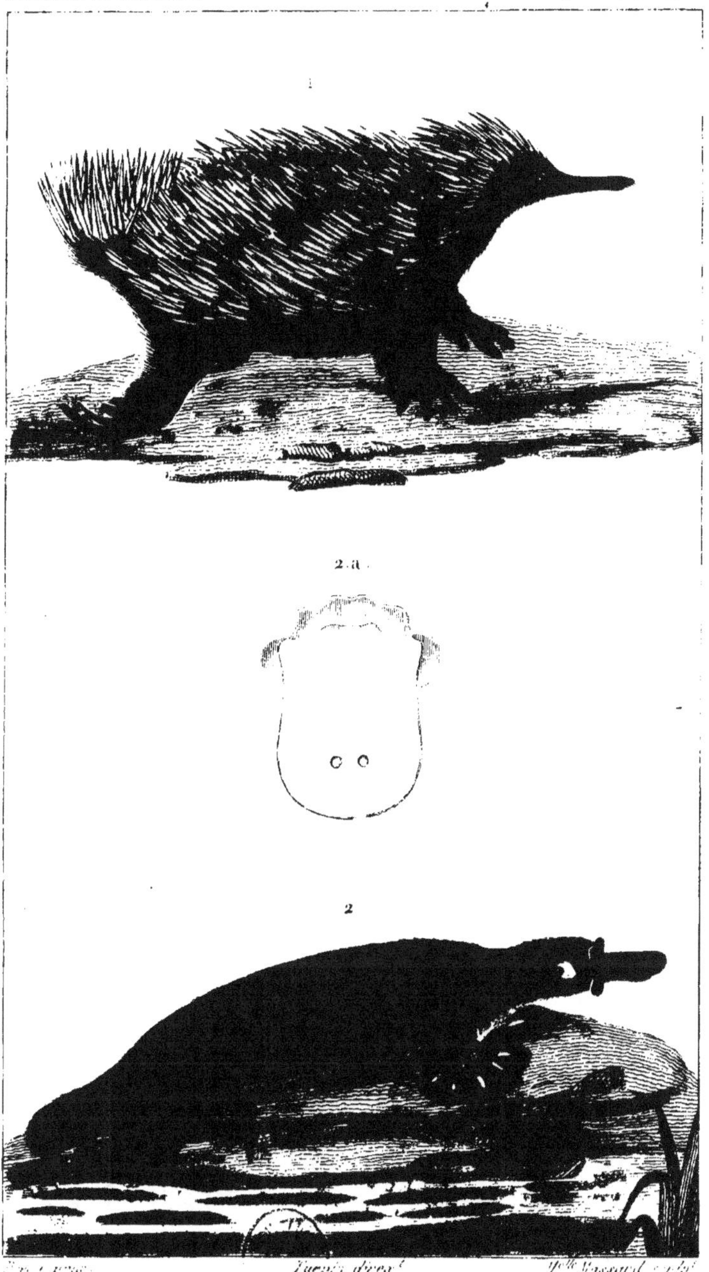

1. ÉCHIDNÉ épineux.

2. ORNITHORHYNQUE. 2.a Museau vu en dessous

Prêtre pinx!	Turpin direx!	Massard sculp!

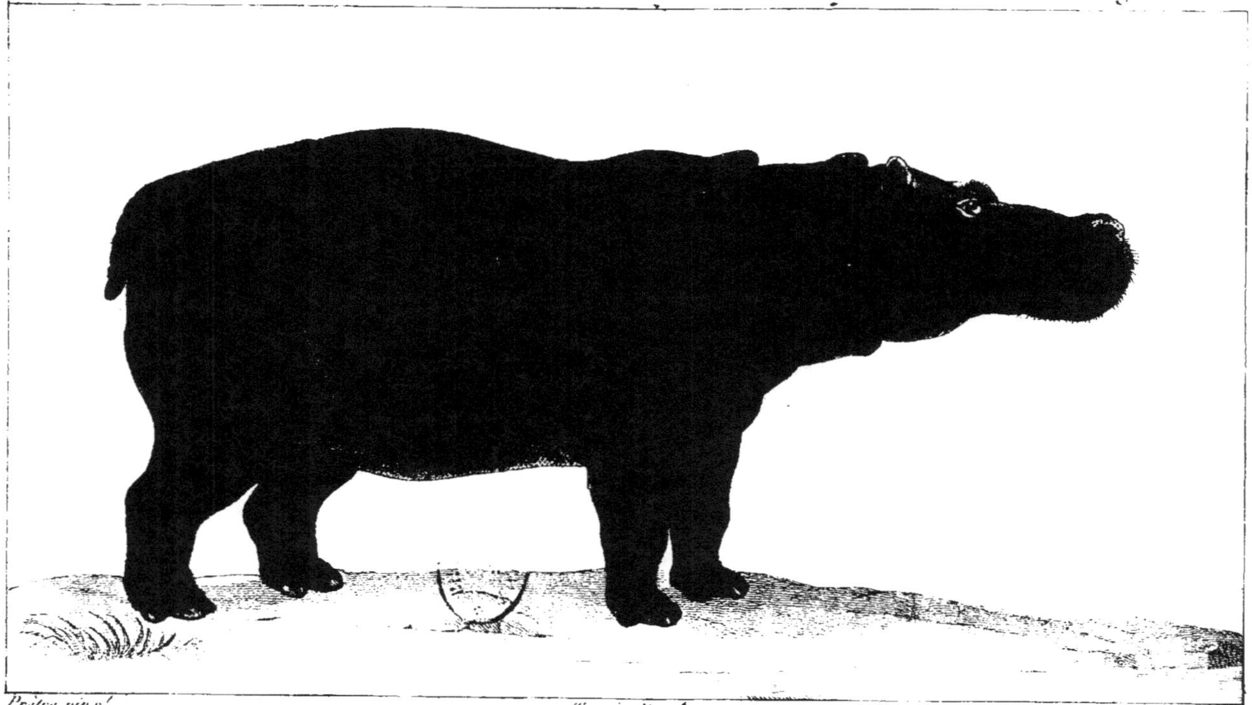

HIPPOPOTAME du Cap.

Prêtre pinx!   Turpin direx!   M.e Massard sculp!

1. SANGLIER d'Europe.

2. SANGLIER Babiroussa.

Prêtre pinx!   Turpin direx!   Massard sculp!

1. PHACOCHÈRE d'Afrique.

2. TAPIR d'Amérique.

ZOOLOGIE.

MAMMIFÈRES. *Fossiles.* Pachydermes.

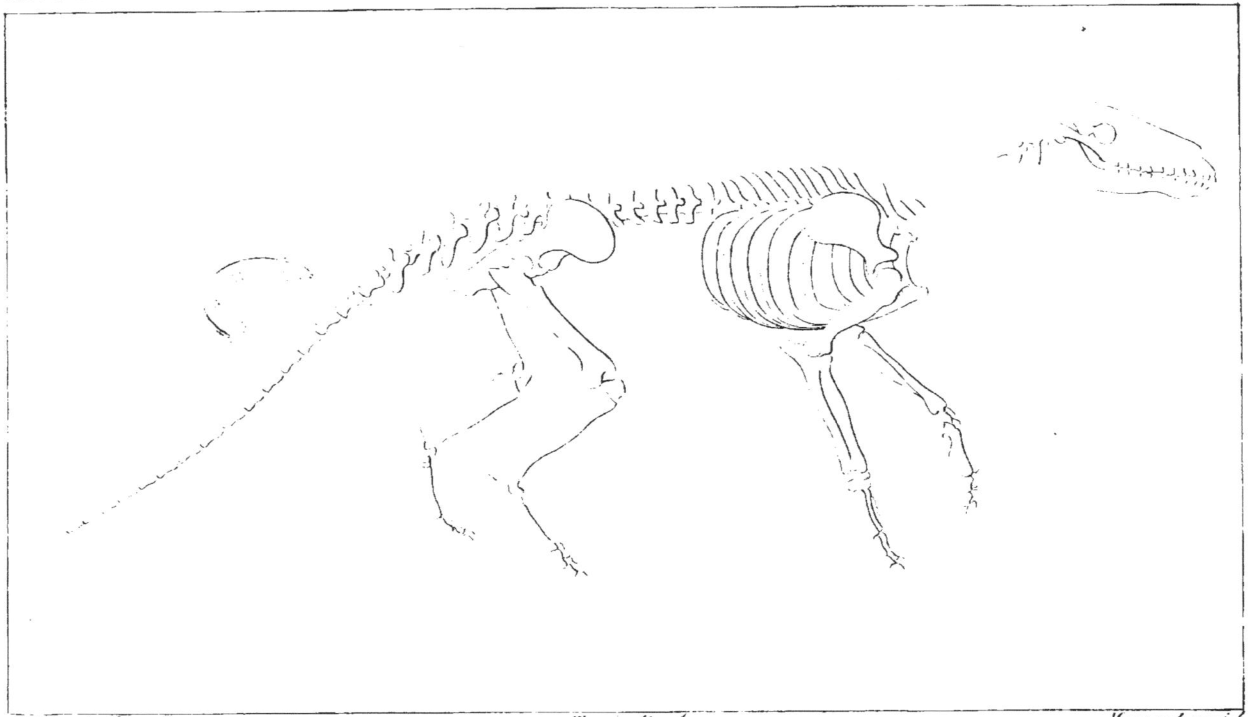

P. Bessa pinx. *Turpin direx.* *Massard sculp.*

ANOPLOTHERIUM commun. *(Cuv.) (Squelette restitué.)*

Lestre pinx.   Turpin direx.   Carnonkel sc.

1. LE RHINOCÉROS.

2. LE DAMAN.

1. *ÉLÉPHANT* des Indes.

2. *ÉLÉPHANT* d'Afrique.

1

2

Pretre pinx.^t   Turpin direx.^t   Carnonkel sculp.^t

1. LE CHEVAL.

2. LE COUAGGA.

1. *LE LAMA.*

2. *LE DROMADAIRE.*

1. LE MUSC.

2. LE PYGMÉE.

ZOOLOGIE.

MAMMIFÈRES. Girafe.

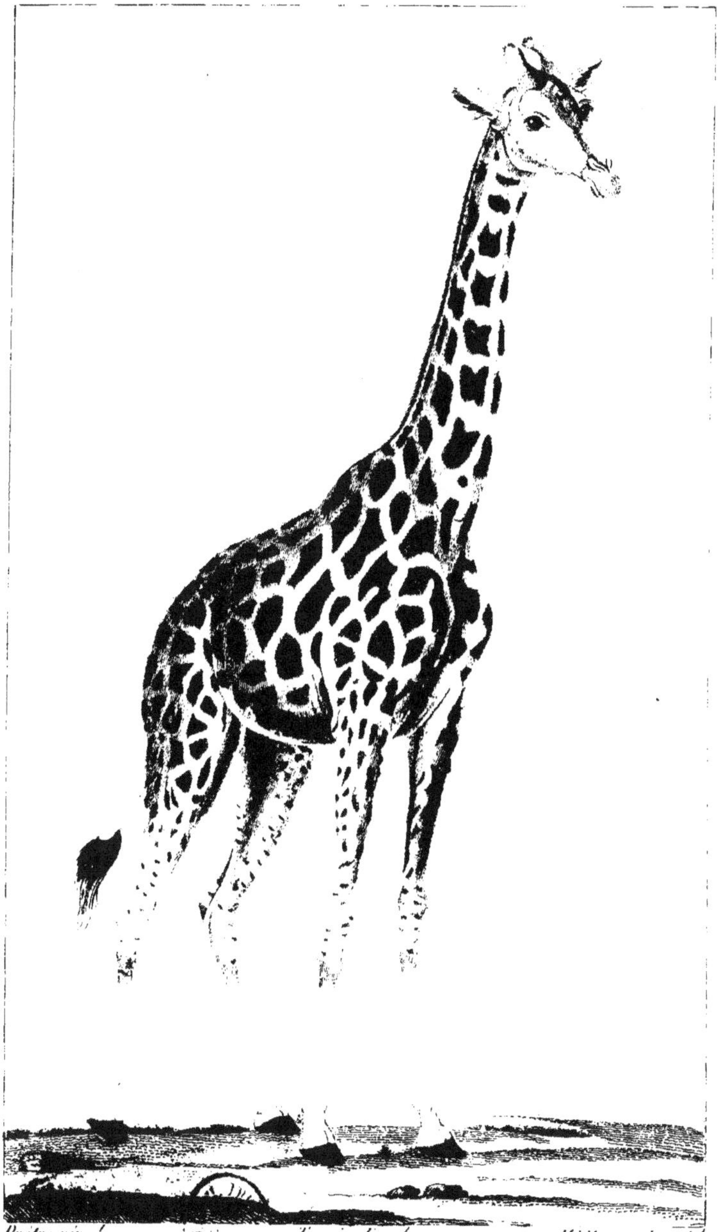

Prêtre pinx! *Turpin direx!* *Mlle Massard sculp!*

LA GIRAFE.

LA GIRAFE.

1. *CERF* de Virginie.

2. *RENNE.*

Pretre pinx.   Turpin direx.   Courant sculp.

1 LA CORINE.

2 LE BUBALE.

1 LE KLIP-SPRINGER.

2 LA CHEVALINE.

1 LE NAGOR.

2 LE COUDOU.

ANTILOCAPRE furcifère.

a. La tête vue de face.

1 LE GNOU.

2 LE CHAMOIS.

1. L'ÉGAGRE.

2. LE MOUFLON de Corse.

1 LE BUFFLE.

2 L'AUROCHS.

Prêtre pinx.ᵗ   Turpin direx.ᵗ   Mᵉ Joyeau sculp.ᵗ

1. *LAMANTIN*

2. *MORSE*   Cheval-marin.

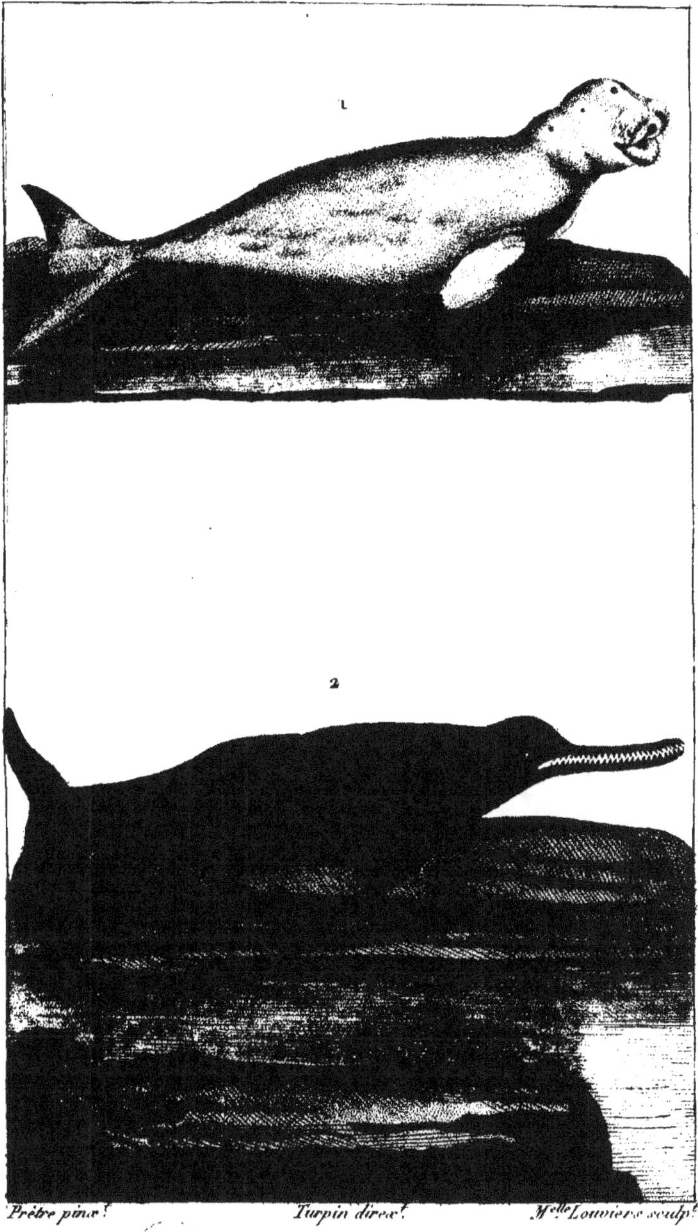

Prêtre pinx.ᵗ   Turpin direx.ᵗ   Mᵉˡˡᵉ Louviers sculp.ᵗ

1. DUGONG des Indes.
2. DELPHINORHYNQUE

Prêtre pinx.ᵗ   Turpin direx.ᵗ   Bocourt sculp.ᵗ

1. DAUPHIN vulgaire.
2. HÉTÉRODON à deux dents.

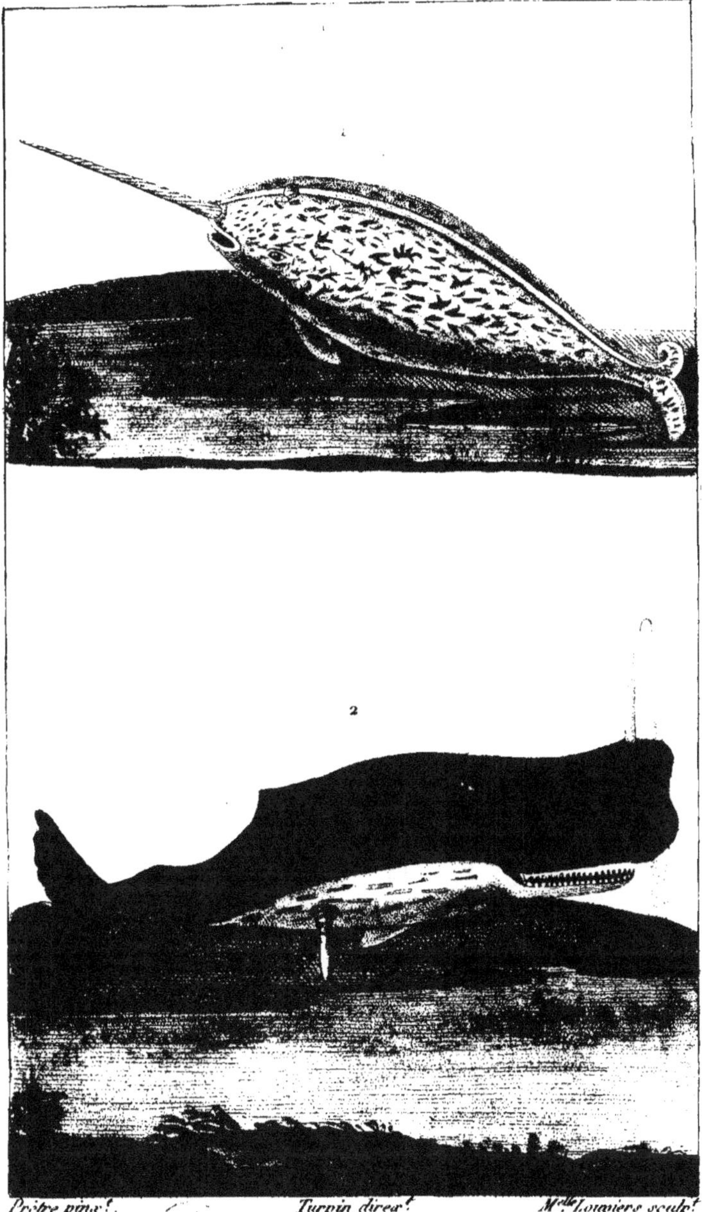

1. NARWAL vulgaire.

2. CACHALOT macrocéphale.

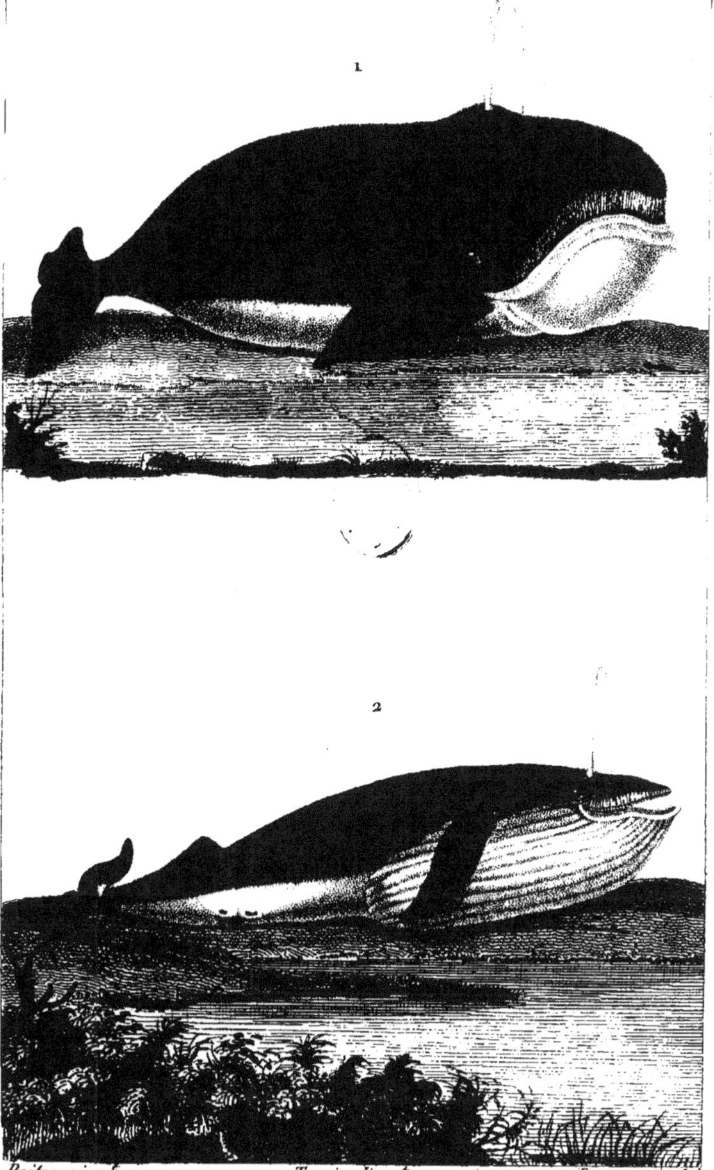

Prêtre pinx.[t]   Turpin direx.[t]   Bocourt sculp.[t]

1. BALEINE franche.

2. BALEINOPTÈRE Rorqual.